仪器分析技术

实训报告

专　　业_____

班　　级_____

姓　　名_____

指导教师_____

目 录

实训任务 1 目视比色法测定铜离子的含量

实训日期：_____年____月____日

实　训　者：_____

【实训目的】

【实训原理】

【仪器与试剂】

　　1. 仪器：

　　2. 试剂：

【实训内容与数据】

　　1. 溶液的配制

溶液	试剂空白	铜标准溶液($\rho_铜 = 5.0 \times 10^{-3} g \cdot mL^{-1}$)					未知液
比色管编号	0	1	2	3	4	5	6
吸取体积/mL							
铜浓度 $\rho_铜$/mg·L^{-1}							

　　2. 数据处理：

【实训结论】

　　通过目视比色判断被测溶液的颜色与_____号比色管相同，或介于_____号比色管与_____号比色管之间，通过计算原始水样中 Cu 含量为_____。

【思考题】

　　1. 目视比色法在对标准与被测液颜色进行比较时，要准确判断试样的颜色范围，应注意什么？

　　2. 若配制的水样颜色在标准色阶以外（过深或过浅）说明什么？该如何调整实训方案？

实训任务 2　可见分光光度计波长的校正

实训日期：_____年___月___日

实 训 者：_____

【实训目的】

【实训原理】

【仪器与试剂】

1. 仪器：

2. 试剂：

【实训内容与数据】

1. 吸光度的测量

波长/nm												
吸光度 A												
波长/nm												
吸光度 A												

2. 数据处理：

$$\Delta\lambda_{max} = \lambda_{max,测} - \lambda_{max,验}$$

【实训结论】

1. 经实训测得镨钕滤光片的最大吸收波长为_____ nm，而镨钕滤光片的最大吸收波长的经验值为_____ nm，波长差为_____ nm。

2. 使用的分光光度计波长_____准确。

【思考题】

1. 为什么分光光度计购回检验时及使用一段时间后要进行波长校正？

2. 实训室有哪几种不同型号的可见分光光度计？

实训任务 3　比色皿成套性检查

实训日期：＿＿＿＿＿年＿＿月＿＿日

实　训　者：＿＿＿＿＿＿＿＿＿＿＿

【实训目的】

【实训原理】

【仪器与试剂】

1. 仪器：

2. 试剂：

【实训内容与数据】

1. 透射比的测定

比色皿 　　透光度 T 测量次数	1	2	3	4
第一次				
第二次				

2. 比色皿的校正

选择 4 个比色皿中透射比最大的比色皿为参比，测定其他比色皿的吸光度。

比色皿 　　透光度 A 测量次数				
第一次				
第二次				
校正值				

3. 数据处理：

【实训结论】

根据实训结果判断：本套比色皿配套情况为 _____，
校正值为 _____。

【思考题】

    1. 在使用比色皿时，应如何保护比色皿光学面？

    2. 如何判断比色皿是否配套？如果配套，校正值如何测定？

实训任务4 水中微量铁含量的测定

实训日期：_____年___月___日

实　训　者：_____

【实训目的】

【实训原理】

【仪器与试剂】

1. 仪器：

2. 试剂：

【实训内容与数据】

1. 吸收曲线的绘制

波长/nm									
吸光度 A									
波长/nm									
吸光度 A									
波长/nm									
吸光度 A									

吸收曲线粘贴处

2. 比色皿的校正

$A_1 = $ _____ $A_2 = $ _____

3. 工作曲线的绘制

标准贮备溶液浓度_____，标准使用溶液浓度_____。

测量波长_____ nm，　　　　　　　　　　　比色皿_____ cm

溶液编号	吸取标液体积/mL	$\rho/\mu g \cdot mL^{-1}$	A	$A_{校正}$
1				
2				
3				
4				
5				
6				

4. 未知液的配制

稀释倍数	吸取体积/mL	稀释后体积/mL	稀释倍数
1			
2			

工作曲线粘贴处

5. 未知物含量的测定

平行测定次数	1	2	3	备用
吸光度 A				
$A_{校正}$				
查得的浓度/$\mu g \cdot mL^{-1}$				
原始试液浓度/$\mu g \cdot mL^{-1}$				
原始试液平均浓度/$\mu g \cdot mL^{-1}$				
平行测定相对极差/%				

【实训结论】

1. 标准曲线的相关系数为_____；
2. 根据标准曲线查得铁的含量为_____；
3. 原始未知溶液中铁的含量为_____。

【思考题】

1. 绘制吸收曲线的目的是什么？

2. 实训中影响工作曲线相关系数的因素有哪些？

实训任务 5　分光光度法测铁条件的选择

实训日期：_____年____月____日

实训者：_____

【实训目的】

【实训原理】

【仪器与试剂】

1. 仪器：

2. 试剂：

【实训内容与数据】

1. 显色剂用量试验

编号	1#	2#	3#	4#	5#	6#
V_R/mL	0.00	0.50	1.00	2.00	3.00	4.00
A						

绘制 A-V_R 曲线：

曲线粘贴处

2. 溶液 pH 的影响

编号	0#	1#	2#	3#	4#	5#
V_{NaOH}/mL	0.00	0.50	1.00	1.50	2.00	2.50
pH						
A						

绘制 A-pH 曲线：

曲线粘贴处

【实训结论】

1. 分光光度法测铁显色剂的适宜用量是＿＿＿＿＿＿＿＿＿＿＿＿＿＿＿。
2. 分光光度法测铁的适宜酸度范围是＿＿＿＿＿＿＿＿＿＿＿＿＿＿＿。

【思考题】

1. 试拟测定邻菲啰啉铁配合物稳定性条件的实训方案。

2. 除了上述两种影响因素，还有哪些显色条件需要考虑?

实训任务 6　混合液中钴离子和铬离子的测定

实训日期：_____ 年___ 月___ 日

实 训 者：_____

【实训目的】

【实训原理】

【仪器与试剂】

1. 仪器：

2. 试剂：

【实训内容与数据】

1. 绘制标准 $Co(NO_3)_2$ 和 $Cr(NO_3)_3$ 溶液的吸收光谱曲线。

λ/nm									
标准 $Co(NO_3)_2$ 吸光度									
标准 $Cr(NO_3)_3$ 吸光度									
λ/nm									
标准 $Co(NO_3)_2$ 吸光度									
标准 $Cr(NO_3)_3$ 吸光度									

曲线粘贴处

根据吸收曲线，选择两个最大吸收波长为 $\lambda_1 =$ _____；$\lambda_2 =$ _____。

2. 工作曲线的绘制

编号	1	2	3	4
$Co(NO_3)_2$ 标液体积 V/mL	2.50	5.0	7.50	10.00
$Cr(NO_3)_3$ 标液体积 V/mL	2.50	5.0	7.50	10.00
$Co(NO_3)_2$ 标液浓度 $/\mu g \cdot mL^{-1}$				
$Co(NO_3)_2$ 标液浓度 $/\mu g \cdot mL^{-1}$				
$A_{\lambda_1}^{Co(NO_3)_2}$				
$A_{\lambda_1}^{Cr(NO_3)_3}$				
$A_{\lambda_2}^{Co(NO_3)_2}$				
$A_{\lambda_2}^{Cr(NO_3)_3}$				

绘制 $Co(NO_3)_2$ 和 $Co(NO_3)_2$ 在 λ_1 和 λ_2 下四条工作曲线：

曲线粘贴处

求出 $\varepsilon_{\lambda_1}^{Co}$、$\varepsilon_{\lambda_2}^{Co}$、$\varepsilon_{\lambda_1}^{Cr}$、$\varepsilon_{\lambda_2}^{Cr}$。

3. 未知试液的测定

测定波长	λ_1	λ_2
$A^{(Co+Cr)}$		

4. 数据处理

【实训结论】

原始未知液的 $Co(NO_3)_2$ 含量 _____；$Cr(NO_3)_3$ 含量 _____ 。

【思考题】

1. 同时测定两组分混合液时，应如何选择入射光波长？

2. 吸光系数和哪些因素有关？实训中如何求得？

实训任务7 苯甲酸含量的测定

实训日期：_____年___月___日

实训者：_____

【实训目的】

【实训原理】

【仪器与试剂】

1. 仪器：

2. 试剂：

【实训内容与数据】

1. 绘制吸收曲线（也可以由仪器自动扫描得到）

波长/nm											
吸光度 A											
波长/nm											
吸光度 A											
波长/nm											
吸光度 A											

吸收曲线粘贴处

2. 比色皿的校正

$A_1 = $ _____ $A_2 = $ _____

3. 工作曲线的绘制

标准贮备溶液浓度_____，标准使用溶液浓度_____。

测量波长_____ nm，   比色皿_____ cm。

溶液编号	吸取标液体积/mL	$\rho/\mu g \cdot mL^{-1}$	A	$A_{校正}$
1				
2				
3				
4				
5				
6				

4．未知液的配制

稀释倍数	吸取体积/mL	稀释后体积/mL	稀释倍数
1			
2			

工作曲线粘贴处

5．未知物含量的测定

平行测定次数	1	2	3	备用
吸光度 A				
$A_{校正}$				
查得的浓度/$\mu g \cdot mL^{-1}$				
原始试液浓度/$\mu g \cdot mL^{-1}$				
原始试液平均浓度/$\mu g \cdot mL^{-1}$				
平行测定相对极差/%				

【实训结论】

1．标准曲线的相关系数为＿＿＿＿＿＿；

2．根据标准曲线查得苯甲酸的含量为＿＿＿＿＿＿；

3．原始未知液中苯甲酸的含量为＿＿＿＿＿＿。

【思考题】

1．为什么紫外分光光度计定量测定中没加显色剂？

2．配制试样溶液浓度的大小，对吸光度测量值有何影响？如何确定试液的稀释倍数？

实训任务 8　紫外分光光度法测定未知物

实训日期：_____年____月____日

实　训　者：_____

【实训目的】

【实训原理】

【仪器与试剂】

　　1. 仪器：

　　2. 试剂：

【实训内容与数据】

　　一、比色皿配套性检验

$A_1 = 0.000$　　　　　　　　$A_2 = $_____

　　二、定性结果：未知物为_____

　　三、未知物含量测定

　　1. 标准使用溶液的配制

标准贮备溶液浓度_____，标准使用溶液浓度_____。

稀释次数	吸取体积/mL	稀释后体积/mL	稀释倍数
1			
2			
3			
4			

　　2. 标准曲线的绘制

测量波长_____nm。

溶液编号	吸取标液体积/mL	$\rho/\mu g \cdot mL^{-1}$	A	$A_{校正}$
1				
2				
3				
4				
5				
6				
7				

3. 未知液的配制

稀释次数	吸取体积/mL	稀释后体积/mL	稀释倍数
1			
2			
3			

4. 未知物含量的测定

平行测定次数	1	2	3	备用
吸光度 A				
$A_{校正}$				
查得的浓度/$\mu g \cdot mL^{-1}$				
原始试液浓度/$\mu g \cdot mL^{-1}$				
原始试液平均浓度/$\mu g \cdot mL^{-1}$				
平行测定相对极差/%				

【实训结论】

1. 标准曲线的相关系数为_____;
2. 原始未知液含量为_____。

实训任务 9 　使用浊度仪测定水的浊度

实训日期：_____年___月___日

实 训 者：_____

【实训目的】

【实训原理】

【仪器与试剂】

　　1. 仪器：

　　2. 试剂：

【实训内容与数据】

　　1. 零浊度水的测量读数：_____ NTU。

　　2. 标准溶液的测量读数：_____ NTU。

测量次数	浊度/NTU		平均值
	水样 1	水样 2	
1			
2			

【实训结论】

　　未知水样浊度为_____ NTU。

【思考题】

　　写出你所使用的浊度的型号，并根据仪器说明书写出该浊度仪的操作规程。

实训任务 10　原子吸收分光光度计的认识和使用

实训日期：_____年____月____日

实 训 者：_____

【实训目的】

【实训原理】

【仪器与试剂】

　　1. 仪器：

　　2. 试剂：

【实训内容与数据】

　　1. 测试用溶液为_____，其吸收线为_____ nm。

　　2. 测试用溶液的吸光度 A _____。

【思考题】

　　为什么使用火焰原子吸收分光光度计时，对燃气、助燃气开关顺序要严格按步骤进行？

实训任务 11 火焰原子吸收法测水中的镁含量——标准曲线法

实训日期：_____年___月___日

实训者：_____

【实训目的】

【实训原理】

【仪器与试剂】

1. 仪器：

2. 试剂：

【实训内容与数据】

1. 绘制吸收曲线（定峰）

通过定峰操作确定镁元素的吸收线为_____ nm。

2. 工作曲线的绘制

标准溶液浓度：_____ $mg \cdot mL^{-1}$。

溶液编号	吸取标液体积/mL	$\rho/\mu g \cdot mL^{-1}$	A
1			
2			
3			
4			
5			
6			

3. 未知液的配制

稀释倍数	吸取体积/mL	稀释后体积/mL	稀释倍数
1			
2			

4. 未知物含量的测定

平行测定次数	1	2	3	备用
吸光度 A				
查得的浓度/$\mu g \cdot mL^{-1}$				
原始试液浓度/$\mu g \cdot mL^{-1}$				
原始试液平均浓度/$\mu g \cdot mL^{-1}$				
平行测定相对极差/%				

【实训结论】

1. 标准曲线的相关系数为＿＿＿＿＿＿＿＿；
2. 原始水样的 Mg^{2+} 含量为＿＿＿＿＿＿＿＿。

【思考题】

1. 标准曲线法定量分析应注意哪些问题？标准曲线法适用于何种情况下的分析？

2. 如果试样成分较复杂，应怎样进行测定？

实训任务 12　火焰原子吸收法测水中的铜含量——标准加入法

实训日期：_____年___月___日

实训者：_____

【实训目的】

【实训原理】

【仪器与试剂】

　　1. 仪器：

　　2. 试剂：

【实训内容数据】

　　1. 绘制吸收曲线（定峰）

　　通过定峰操作确定铜元素的吸收线为_____ nm。

容量瓶编号	1#	2#	3#	4#	5#
铜水样体积/mL					
加入铜标样体积/mL					
铜标准溶液浓度/$\mu g \cdot mL^{-1}$					
吸光度 A					
查得试样 Cu^{2+} 的浓度/$\mu g \cdot mL^{-1}$					
原始 Cu^{2+} 的浓度/$\mu g \cdot mL^{-1}$					

　　2. 数据处理：

【实训结论】

　　1. 标准曲线的相关系数为_____；

　　2. 未知液的铜含量为_____。

【思考题】

　　1. 标准加入法有何特点？适用于何种情况下的分析？

　　2. 标准加入法对待测元素标准溶液加入量有何要求？

实训任务 13　气相色谱仪气路的连接和检漏

实训日期：_____年____月____日

实　训　者：_____

【实训目的】

【实训原理】

【仪器与试剂】

　　1. 仪器：

　　2. 试剂：

【实训内容与数据】

【思考题】

　　1. 气相色谱实训室的基本装备（含仪器设备、辅助设备等）有哪些？

　　2. 思考如何操作气相色谱仪？（提示：可先预习并了解气相色谱仪的基本组成与基本操作方面的常识。）

实训任务 14　转子流量计的校正

实训日期：_____年___月___日

实　训　者：_____

【实训目的】

【实训原理】

【仪器与试剂】

1. 仪器：

2. 试剂：

【实训内容与数据】

1. 转子流量计与皂膜流量计校正值

转子流量计转子上升高度/mm	皂膜流量计体积 V/mL	皂膜通过体积刻度线间的时间 t/s				流速 $F(L \cdot min^{-1}) = V/t$
		t_1	t_2	t_3	$t_{平均}$	

2. 转子流量计校正曲线

曲线粘贴处

【实训结论】

【思考题】

1. 实训中，调节转子高度是通过调节什么来达到目的的？

2. 观察实训室中气相色谱仪有几个柱前压稳压阀，你用的是几号稳压阀？

3. 气相色谱仪的转子流量计为什么要进行校正？

实训任务 15　柱温对保留值及分离度的影响仿真实训

实训日期：_____年____月____日

实训者：_____

【实训目的】

【实训原理】

【仪器与试剂】

　　1. 仪器：

　　2. 试剂：

【实训内容与数据】

　　1. 柱温与组分保留值关系实训数据记录

柱温/℃	$t_{甲烷}$/s	$t_{联苯}$/s	$t_{萘/甲萘酚}$/s
140			
150			
160			
170			
180			
保留值的变化趋势			

　　2. 柱温对相邻峰分离度的影响实训数据记录

柱温/℃	$t_{甲烷}$/s	$t_{联苯}$/s	$t_{甲萘酚}$/s	$R_{1甲烷与联苯}$	$R_{2联苯或甲萘酚}$
180					
170					
165					
t 与 R 的变化规律					

【实训结论】

【思考题】

    1. 气相色谱仪氢火焰离子化检测器使用时的注意事项。

    2. 根据实训数据所得到柱温对保留值及分离度的影响有哪些规律？

实训任务 16　白酒中甲醇含量的测定仿真实训

实训日期：＿＿＿＿年＿＿月＿＿日

实 训 者：＿＿＿＿＿＿＿＿＿＿＿＿

【实训目的】

【实训原理】

【仪器与试剂】

　　1. 仪器：

　　2. 试剂：

【实训内容与数据】

　　1. 方法优化数据记录

柱温	汽化室温度/℃	t_M/s	$t_{甲醇}$/s	分离度 R

　　根据待测物色谱峰的峰形、分离度要求选择为最优实训参数。

　　柱温为＿＿＿＿＿＿＿＿＿；汽化室温度为＿＿＿＿＿＿＿＿＿。

　　2. 标准曲线的制作数据记录

溶液	甲醇标准系列				
甲醇浓度 c/mg·L^{-1}	0	20	40	80	100
$t_{甲醇}$/s					
峰面积 A					

　　运行一元线性回归程序，求出甲醇的浓度与峰面积关系曲线方程。

3. 酒样的分析数据记录

项目	白酒样品 1	白酒样品 2	白酒样品 3	白酒样品 4
$t_{甲醇}/s$				
甲醇峰面积 A				
甲醇含量				

【实训结论】

1. 标准曲线的相关系数为_____；
2. 根据分析结果，判断白酒样品的优劣：_____。

【思考题】

优化实训条件的理论依据是什么？

实训任务 17　气相色谱操作条件的优化

实训日期：_____年____月____日

实　训　者：_____

【实训目的】

【实训原理】

【仪器与试剂】

1. 仪器：

2. 试剂：

【实训内容与数据】

1. 柱温的选择

柱温/℃	$t_{样品1}$/s	$t_{样品2}$/s	分离度 R

根据实训数据，合理的柱温是_____℃。

2. 载气流速的选择

载气流速/mL·min^{-1}	$t_{样品1}$/s	$t_{样品2}$/s	分离度 R

根据实训数据，合理的载气流速是_____mL·min^{-1}。

【实训结论】

【思考题】

　　1. 请你说说选择合理的柱温和载气流速的依据是什么？

　　2. 通过该实训，你能操作使用气相色谱仪吗？请编写该仪器的操作规程。

实训任务 18　丁醇异构体含量的测定——面积归一化法

实训日期：_____年___月___日

实训者：_____

【实训目的】

【实训原理】

【仪器与试剂】

1. 仪器：

2. 试剂：

【实训内容与数据】

1. 定性分析

正丁醇的保留时间（t_R）为_____；

仲丁醇的保留时间（t_R）为_____；

叔丁醇的保留时间（t_R）为_____。

2. 定量分析

组分名				
保留时间 t_R/s				
峰面积 A				
总面积				
各组分含量				

【实训结论】

【思考题】

1. 什么情况下可以采用峰高归一化法？如何计算？

2. 本实训用 DNP 柱分离伯、仲、叔、异丁醇时，出峰顺序如何？

实训任务 19　乙醇中少量甲醇的测定——外标法

实训日期：_____年____月____日

实训者：_____

【实训目的】

【实训原理】

【仪器与试剂】

　　1. 仪器：

　　2. 试剂：

【实训内容与数据】

　　1. 定性分析

　　甲醇的保留时间（t_R）为_____；

　　乙醇的保留时间（t_R）为_____。

溶液	试剂空白	醇标准系列						未知液
容量瓶编号	0	1	2	3	4	5	6
醇浓度 $\rho/\mu g \cdot mL^{-1}$								
峰面积 A								

　　2. 数据处理：

【实训结论】

　　1. 标准曲线的相关系数为_____；

　　2. 试样中的甲醇含量为_____。

【思考题】

　　如何使用色谱 3000 工作站绘制工作曲线。

实训任务20　程序升温法分析白酒中微量成分的含量

实训日期：_____年___月___日

实　训　者：_____

【实训目的】

【实训原理】

【仪器与试剂】

1. 仪器：

2. 试剂：

【实训内容与数据】

1. 定性分析

组分名	无水乙醇	正丙醇	正丁醇	异丁醇	仲丁醇	异戊醇	丁酸乙酯	糠醛	乙酸异戊酯
t_R/s									
相对保留值									
白酒峰									
t_R/s									
相对保留值									

2. 相对校正因子的计算

组分									
f_i									

计算公式：$f_i = \dfrac{A_s m_i}{A_i m_s}$

3. 定量分析

组分名								
保留时间 t_R/s								
峰面积 A								
各组分含量								

计算公式：$w_i = \dfrac{A_i}{A_s} \times \dfrac{m_s}{m_i} \times f_i$

【实训结论】

【思考题】

1. 程序升温的起始温度如何设置？升温速率如何设置？

2. 内标法有什么特点，什么时候采用？

实训任务 21　液相色谱法流动相的处理

实训日期：_____年____月____日

实　训　者：_____

【实训目的】

【实训原理】

【仪器与试剂】

    1. 仪器：

    2. 试剂：

【实训内容与数据】

实训任务 22　高效液相色谱仪的认识和使用

实训日期：＿＿＿＿＿年＿＿月＿＿日

实　训　者：＿＿＿＿＿＿＿＿＿＿＿＿

【实训目的】

【实训原理】

【仪器与试剂】

　　1. 仪器：

　　2. 试剂：

【实训内容与数据】

【思考题】

　　1. 高效液相色谱仪主要由哪几部分构成？

　　2. 写出你所使用的高效液相色谱仪的型号与该仪器的操作规程。

实训任务 23　高效液相色谱法测定对羟基苯甲酸混合酯的含量

实训日期：_____年____月____日

实 训 者：_____

【实训目的】

【实训原理】

【仪器与试剂】

    1. 仪器：

    2. 试剂：

【实训内容与数据】

    1. 定性分析

组分名				
保留时间 t_R/s				

    2. 定量分析（归一化法）

组分名				
保留时间 t_R/s				
峰面积 A				
总面积				
各组分含量				

【实训结论】

【思考题】

    1. 简述高效液相色谱的工作流程。

    2. 高效液相色谱的定量方法主要有哪几种？你能用外标法进行此实训吗？

实训任务 24　高效液相色谱法测定饮料中苯甲酸的含量

实训日期：_____ 年___月___日

实　训　者：_____

【实训目的】

【实训原理】

【仪器与试剂】

1. 仪器：

2. 试剂：

【实训内容与数据】

1. 定性分析

溶液	标准 1	标准 2	试样 1	试样 2
保留时间 t_R/s				

2. 定量分析（外标法）

	标准溶液		试样 1	试样 2
	1	2		
苯甲酸浓度				
保留时间 t_R/s				
峰高 h				
峰面积 A				

3. 数据处理：

【实训结论】

1. 标准曲线的相关系数为_____；
2. 根据标准曲线查得苯甲酸的含量为_____。

【思考题】

1. 高效液相色谱仪主要由哪几部分组成？

2. 反相色谱和正相色谱有什么区别？

实训任务 25 直接电位法测定水溶液的 pH

实训日期：_____年____月____日

实训者：_____

【实训目的】

【实训原理】

【仪器与试剂】

1. 仪器：

2. 试剂：

【实训内容与数据】

1. 仪器温度校正

仪器设置温度/℃	
溶液温度/℃	

2. 电极校正

标准缓冲溶液 pH				斜率值
校正值				

3. 水溶液的测定结果

测量次数	1	2	3	平均值
pH				

【实训结论】

【思考题】

1. 测定溶液的 pH 时，为什么要进行温度校准？

2. 用酸度计时，为什么要用标准缓冲溶液校准仪器？如何进行校准？

3. 酸度计一般由哪两部分组成？

实训任务 26　选择性电极法测定天然水中的 F^-

实训日期：＿＿＿＿年＿＿月＿＿日

实　训　者：＿＿＿＿＿＿＿＿＿＿＿＿＿

【实训目的】

【实训原理】

【仪器与试剂】

1. 仪器：

2. 试剂：

【实训内容与数据】

一、标准曲线法

1. 数据填写

试液	F^-标准溶液系列					水样		
容量瓶编号	1	2	3	4	5	6	7	8
TISAB/mL								
F^-的浓度/mol·L^{-1}								
pF($-\lg c_F$)								
电位值/mV								

2. 绘制标准曲线：

曲线粘贴处

3. 数据处理

二、标准加入法

1. 数据填写表

试样溶液的电位值/mV	加入标准溶液后的电位值/mV

2. 数据结果处理：（根据标准加入法公式进行计算）

标准溶液浓度＿＿＿＿＿＿＿＿＿＿＿＿＿＿＿；

加入的标准溶液体积＿＿＿＿＿＿＿＿＿＿＿＿＿＿＿。

【实训结论】

【思考题】

1. 进行实训时，为什么要加总离子强度调节剂？

2. 在测定前，氟离子选择性电极要进行如何处理？要达到什么要求？

3. 标准曲线法与标准加入法各有何优点？什么情况下使用？

实训任务 27　电位滴定法测定亚铁含量

实训日期：_____年____月____日

实　训　者：_____

【实训目的】

【实训原理】

【仪器与试剂】

　　1. 仪器：

　　2. 试剂：

【实训内容与数据】

　　1. 粗略的判定滴定终点

加入的 $K_2Cr_2O_7$ 体积 V/mL	5.00	10.00	15.00	20.00	22.00	24.00	26.00	28.00	30.00	终点
工作电池电动势 E/V										

　　2. 准确滴定

加入的 $K_2Cr_2O_7$ 体积 V/mL										
工作电池电动势 E/V										

　　3. 数据处理：

　　① E-V 曲线法

曲线粘贴处

终点体积_____ mL；亚铁含量_____。

② 一阶微商法

曲线粘贴处

终点体积_____ mL；亚铁含量_____。
③ 二阶微商法

加入的 $K_2Cr_2O_7$ 体积 V/mL	工作电池电动势 E/mV	$(\Delta E/\Delta V)/V \cdot mL^{-1}$	$\Delta^2 E/\Delta V^2$

终点体积_____ mL；亚铁含量_____。

【实训结论】

未知溶液亚铁含量为_____。

【思考题】

1. 铂电极使用前，应如何处理？

2. 为什么氧化还原滴定可以用铂电极作指示电极？

3. 试比较电位滴定法测 Fe^{2+} 和化学滴定法测 Fe^{2+} 这两种分析方法，他们各有何优缺点？

实训任务 28　自动电位滴定法测定 I^- 和 Cl^- 的含量

实训日期：_____ 年____ 月____ 日

实 训 者：_____

【实训目的】

【实训原理】

【仪器与试剂】

1. 仪器：

2. 试剂：

【实训内容与数据】

1. 粗略的判定滴定终点

加入的 $AgNO_3$ 体积 V/mL	2.00	3.00	4.00	5.00	6.00	7.00	8.00	9.00	终点	
									E_1	E_2
工作电池电动势 E/mV										

2. 滴定终点的确定

加入 $AgNO_3$ 的体积 V/mL	工作电池电动势 E/mV	$(\Delta E/\Delta V)/V \cdot mL^{-1}$	$\Delta^2 E/\Delta V^2$

3. E-V 曲线法或 $\Delta E / \Delta V$ 曲线法（作图）

曲线粘贴处

4. 数据结果处理与计算

自动停止滴定时 $V_1 = $ _____ mL；

$V_2 = $ _____ mL 。

【实训结论】

未知液中 I^- 含量为 _____ $mg \cdot L^{-1}$；Cl^- 含量为 _____ $mg \cdot L^{-1}$。

【思考题】

1. 银电极使用前，应作如何处理？

2. 自动电位滴定法，电位滴定法，直接电位法有何共同点和不同点？

ISBN 978-7-122-20992-4

定价：35.00元